# BEI GRIN MACHT SICH IHR WISSEN BEZAHLT

- Wir veröffentlichen Ihre Hausarbeit,
  Bachelor- und Masterarbeit

- Ihr eigenes eBook und Buch -
  weltweit in allen wichtigen Shops

- Verdienen Sie an jedem Verkauf

## Jetzt bei www.GRIN.com hochladen und kostenlos publizieren

**Bibliografische Information der Deutschen Nationalbibliothek:**

Die Deutsche Bibliothek verzeichnet diese Publikation in der Deutschen National-bibliografie; detaillierte bibliografische Daten sind im Internet über http://dnb.d-nb.de/ abrufbar.

**Impressum:**

Copyright © 2014 GRIN Verlag, Open Publishing GmbH
Druck und Bindung: Books on Demand GmbH, Norderstedt Germany
ISBN: 9783668221956

**Dieses Buch bei GRIN:**

http://www.grin.com/de/e-book/321460/addition-und-subtraktion-bis-1000-an-der-lerntheke-klasse-3-foerderschule

Maria Schmidt

# Addition und Subtraktion bis 1000 an der Lerntheke (Klasse 3, Förderschule)

GRIN Verlag

**GRIN - Your knowledge has value**

Der GRIN Verlag publiziert seit 1998 wissenschaftliche Arbeiten von Studenten, Hochschullehrern und anderen Akademikern als eBook und gedrucktes Buch. Die Verlagswebsite www.grin.com ist die ideale Plattform zur Veröffentlichung von Hausarbeiten, Abschlussarbeiten, wissenschaftlichen Aufsätzen, Dissertationen und Fachbüchern.

**Besuchen Sie uns im Internet:**

http://www.grin.com/

http://www.facebook.com/grincom

http://www.twitter.com/grin_com

Maria Schmidt

Landesinstitut für Schulqualität und Lehrerbildung

Sachsen Anhalt

Staatliches Seminar für Lehrämter Halle

-Lehramt an Förderschulen-

## Unterrichtsvorbereitung

### anlässlich eines einfachen Unterrichtsbesuchs

| | |
|---|---|
| Datum: | 10. Dezember 2014 |
| Zeit: | 8:00 bis 8:45 Uhr |
| Klasse/Stufe/Lerngruppe: | Klasse 3a |
| Schule: | Förderschule |
| Fach: | Mathematik |
| Fachrichtung: | Verhaltensgestörtenpädagogik |
| Schulleiter: | Herr XXX |
| Mentorin: | Frau XXX |
| Pädagogische Mitarbeiterin: | Frau XXX |
| HS-Leiterin: | Frau XXX |
| Fachseminarleiter (Mathe): | Herr XXX |

**Inhaltsverzeichnis**

## 1.    Thema der Einheit

Addieren und Subtrahieren bis 1000


## 2.    Ziel der Einheit

Die SchülerInnen lösen Additions- und Subtraktionsaufgaben im Zahlenraum bis 1000 sicher, um ihr Operationsverständnis weiterzuentwickeln und um Voraussetzungen für die schriftlichen Rechenverfahren zu schaffen.

**3.** Sequenzen der Einheit

| Stunden | Stoffkomplex/Lerninhalt | Inhaltsbezogene Kompetenzen | Prozessbezogene Kompetenzen |
|---|---|---|---|
| 2h | **Addieren und Subtrahieren von Hunderterzahlen**<br>-Grundrechenarten und ihre Zusammenhänge verstehen<br>-Erkennen und Nutzen von Gesetzmäßigkeiten und Regeln<br>-Grundaufgaben des Addierens und Subtrahierens sicher lösen, Verfahrenskenntnisse auf analoge Aufgaben im erweiterten Zahlenraum übertragen | Kentnisse in dem bis 1000 erweiterten Zahlenraum beim Lösen von Aufgaben im inner- und außermathematischen Vorstellungsbereich sicher anwenden | **Bereich Problemlösen:**<br>geeignete Grundaufgaben zur Lösung von Additions- und Subtraktionsaufgaben finden und nutzen |
| 4h | **Addieren und Subtrahieren von Zehnerzahlen zu dreistelligen Zahlen**<br>-Grundrechenarten und ihre Zusammenhänge verstehen<br>-Erkennen und Nutzen von Gesetzmäßigkeiten und Regeln<br>-Grundaufgaben des Addierens und Subtrahierens sicher lösen, Verfahrenskenntnisse auf analoge Aufgaben im erweiterten Zahlenraum übertragen<br>-Aufgaben der Addition und Subtraktion mit Teilschritten lösen<br>-Grundrechenarten in verschiedenen Übungsformen nutzen | Einsichten ins dekadische Positionssystem nutzen<br><br>Grundrechenarten und ihre Zusammenhänge verstehen, Gesetzmäßigkeiten und Regeln erkennen und nutzen,<br>Verfahrenskenntnisse auf analoge Aufgaben im erweiterten Zahlenraum 1000 übertragen | Probleme und Lösungen auf Plausibilität untersuchen<br><br>**Bereich Kommunizieren und Argumentieren:**<br>Lösungswege, Ideen, und Vorgehensweisen sprachlich darstellen und diskutieren |
| 6h | **Addieren und Subtrahieren einstelliger und zweistelliger Zahlen zu bzw. von dreistelligen Zahlen**<br>-Grundrechenarten und ihre Zusammenhänge verstehen<br>-Erkennen und Nutzen von Gesetzmäßigkeiten und Regeln<br>-Grundaufgaben des Addierens und Subtrahierens sicher lösen, Verfahrenskenntnisse auf analoge Aufgaben im erweiterten Zahlenraum übertragen<br>-Erkenntnisse aus der Zahlenraumerweiterung und der Strukturierung des Zahlenraums 1000 zur Lösung von Additions- und Subtraktionsaufgaben nutzen<br>-Aufgaben in Sachsituationen erkennen und lösen | Grundrechenarten in verschiedenen Übungsformen verwenden und anwenden<br><br>Aufgaben in Sachsituationen erkennen und anwenden | Begründungen für Lösungswege finden und vorstellen<br><br>Aus Texten für das Lösen mathematischer Aufgaben geeignete Informationen entnehmen und wiedergeben<br><br>**Bereich Modellieren:**<br>Sachverhalte aus der Umwelt aufgreifen, mit mathematischen Mitteln beschreiben |
| 1./2h | **Wiederholung und Festigung der Einheit: Zusammenfassung an der Lerntheke** | | |

## 4. Thema der Stunde

Addition und Subtraktion bis 1000

## 5. Stundentyp

Übungsstunde

## 6. Ziel der Stunde

Die SchülerInnen addieren und subtrahieren im Zahlenraum bis 1000, um Aufgaben in diesem Zahlenbereich sicher ausführen zu können und ihr Operationsverständis weiterzuentwickeln.

## 7. Teilziele der Stunde

**TZ1**: Die SchülerInnen wiederholen Verhaltensregeln, um eine Transparenz und Orientierung in den sozialen Lernzielen zu schaffen.

**TZ2**: Die SchülerInnen berechnen Additions- und Subtraktionsaufgaben im Zahlenraum 1000, um Rechenaufgaben in diesem Zahlenbereich sicher ausführen zu können.

**TZ3**: Die SchülerInnen bearbeiten, durch sinnverstehendes Lesen und berechnen von Additions- und Subtraktionsaufgaben, Sachaufgaben, um ihre Additions- und Subtraktionskentnisse auf Alltagsprobleme anwenden zu können.

**TZ4**: Die SchülerInnen wählen, bearbeiten und kontrollieren selbstständig verschiedene Übungsaufgaben, um ein selbstständiges Arbeitsverhalten auszubilden.

**TZ5:** Die SchülerInnen schätzen ihr Arbeits- und Sozialverhalten selbstkritisch ein, um ihre Reflexionskompetenz auszubilden.

## 8. Individualziele

**Individualziel I: Schüler 1**

**Sozialverhalten:**

Schüler 1 ist ein zurückhaltender, schüchterner Junge. Er besucht seit 2012 die XXX Schule in XXX. Schüler 1 lebt mit zwei jüngeren Geschwistern bei seinen Eltern.

In der Schule sucht Schüler 1 selten Kontakt zu LehrerInnen, der PM oder seinen Mitschülern. In kooperativen Lernsituationen ist Schüler 1 durchaus kooperationsbereit, verweigern aber schnell bei Misserfolgen die Mitarbeit. Zur Stärkung seines Fähigkeitsselbstkonzepts sowie seines Selbstwertgefühls ist häufiger, individueller Zuspruch, Lob und das kontinuierliche Verdeutlichen seines Lernerfolgs bedeutsam.

Die Klassenregeln kann Schüler 1 benennen und nimmt sich bewusst vor, die Regeln einzuhalten. Die Regeleinhaltung kann mittels immanenter und wiederholter Erinnerung an die Regeln, räumliche Nähe sowie das konsequente Visualisieren von Regelverstößen (z.B.Strich an der Tafel bei Zwischenquatschern) unterstützt werden. Die Unterrichtsbereitschaft stellt er mittels zusätzlicher Erinnerung her.

**Lern- und Arbeitsverhalten:**

Schüler 1 zeigt bei immanentem persönlichen Zuspruch sowie mittels intensiver Hilfestellung Anstrengungsbereitschaft im Unterricht. Das aktive Zuhören und aufmerksame Verfolgen des Unterrichtsgeschehens kann durch intensive Hilfe begünstigt werden (z.b. durch immanente Erinnerung an die Klassenregeln oder taktile Impulse).

Im Fach Mathematik arbeitet Schüler 1 nach Aufforderung mündlich und schriftlich mit, ist jedoch häufig unsicher bei mündlichen Redebeiträgen. Zusätzliche Ermunterung ist daher bedeutsam für Schüler 1.

Schüler 1 arbeitet gern an der Lerntheke. Das konzentrierte und selbstständige Bearbeiten von Aufgabenstellungen wird durch intensive, zusätzliche Hilfeangebote der LehrerInnen oder PM begünstigt. Hilfe nimmt Schüler 1 dabei bereitwillig an. Die Selbstkontroll-möglichkeiten der Lerntheke nutzt Schüler 1, wenn man ihn dazu auffordert. Bei Misserfolgen nimmt er die Arbeit nach persönlichem Zuspruch meist wieder auf.

Schüler 1 führt Berechnungen im Zahlenraum bis 20 selbstständig und im Zahlenraum bis 100 mit einem Hunderterquadrat weitestgehend sicher aus. Im Zahlenraum bis 1000 braucht Schüler 1 persönliche Hilfestellungen, Anschauungsmaterialien und Beispielaufgaben, um Berechnungen durchführen zu können.

| Individualziel: Schüler 1 | | |
|---|---|---|
| Förderbereich | Förderziel | Förderangebot |
| Lern-und Arbeitsverhalten<br>- Arbeitstempo | Schüler 1 bearbeitet beide Pflichtaufgaben | -Lob und Ermutigung während der Arbeitsphasen nach Bedarf<br>-evt. Hilfe zur Orientierung am Arbeitsplan<br>-quantitativ und qualitativ differenzierte Pflichtaufgaben<br>-Weihnachtsbaumkugeln für die Tafel als Anreiz |
| Fachspezifik Mathematik<br>- Addition und Subtraktion bis 1000 | Schüler 1 nutzt die Erkenntnisse aus dem Zahlenraum bis 100, um im Zahlenraum bis 1000 Additions- und Subtraktionsaufgaben zu lösen. | -Hunderterfeld<br>-Pflichtaufgabe mit Aufgaben bis 100, um diesen ZR weiter zu festigen<br>-differenzierte Aufgaben an der Lerntheke (Übungsaufgaben mit Hunderterzahlen)<br>-Hilfestellung und Erklärung durch PM und Lehrerin |

**Individualziel II: Schüler 2**

**Sozialverhalten:**
Schüler 2 ist ein extrovertierter, bewegungsaktiver Junge. Er besucht seit 2011 die XXX Schule in XXX. Schüler 2 artikuliert im Unterricht und in den Pausen deutlich seine aktuelle Befindlichkeit und Interessenlage und tritt dabei sehr dominant auf. Zu seinen Mitschülern sucht er persönlichen Kontakt, jedoch weniger zu seinen LehrerInnen und der PM.
Die Klassenregeln kann Schüler 2 richtig benennen. Um die Klassenregeln einzuhalten, braucht Schüler 2 regelmäßige Erinnerungen und intensive Unterstützung und Hilfestellung durch die LehrerInnen und die PM. Kurze Auszeiten, vor allem nach bewegungsaktiven Pausen wirken sich mitunter begünstigend auf das Unterrichtsverhalten von Schüler 2 aus, um eine Basis für die regelkonforme Teilnahme am Unterricht zu gewährleisten. Zudem kann die unmittelbare Platzierung der PM neben Schüler 2 oder das Umsetzen an den Gruppentisch (der weiter hinten im Klassenraum steht) unterstützend wirken, um ihn zu beruhigen und seine Arbeitsbereitschaft herzustellen.

**Lern- und Arbeitsverhalten:**
Wenn die Unterrichtsbereitschaft des Schülers 2 hinreichend gesichert ist, zeigt er sich im Fach Mathematik als sehr leistungsstarker Schüler, der sein Wissen in Unterrichtsgesprächen gerne mit seinen Mitschülern teilt. Die Aufmerksamkeits-fokussierung auf den Lerngegenstand wird unterstützt durch die aktive Einbindung seiner Person in das Unterrichtsgeschehen, eine ausreichende Ordnung an seinem Arbeitsplatz sowie zusätzliche verbale/taktile Impulse z.B. das Ansprechen seiner Person. Die räumliche Nähe zur PM mit der Möglichkeit der direkten Impulsgebung hilft ihm besonders, die Aufmerksamkeit auf den Arbeitsauftrag zu lenken und Unsicherheiten sowie Arbeitsverweigerung vorzubeugen.
Die Freude an der Lerntheke ist tagesformabhängig, wobei spielerische Lernaufgaben (z.B. mit Rechengeld) sehr motivierend wirken. Die selbstständige und ausdauernde Arbeit gelingt Schüler 2 mit Unterstützung und Hilfestellungen durch die LehrerInnen und die PM. Gelingt ihm eine Aufgabe nicht auf Anhieb, so neigt Schüler 2 zur Arbeitsverweigerung und regelwidrigem Verhalten. Dieses Verhalten kann durch Lob und dem Aufzeigen seines Lernerfolges vorgebeugt werden.
Schüler 2 rechnet Additions- und Subtraktionsaufgaben im Zahlenraum bis 100 sicher und ohne weitere Hilfsmittel. Bisher ist es ihm gut gelungen seine gewonnenen Erkenntnisse auf den Zahlenraum bis 1000 zu übertragen. Schüler 2 gelingt es gut anschauliche, mathematische Problemstellungen auf die symbolische Ebene zu übertragen. Er ist außerdem in der Lage die Ergebnisse seiner mathematischen Überlegungen zu verbalisieren.

**Individualziel:Schüler 2**

| Förderbereich | Förderziel | Förderangebot |
|---|---|---|
| Sozialverhalten:<br>- Regeleinhaltung | Schüler 2 ist zu Beginn der Stunde unterrichtsbereit und bemüht sich, im Unterricht leise zu sein. | -Platzierung der PM in der Nähe von Schüler 2<br>-evt. Auszeit in Begleitung der PM<br>-immanente Verstärkung positiven Verhaltens (Lob)<br>-konsequente Feststellung der Unterrichtsbereitschaft<br>-Wiederholung der Klassenregeln bzw. der Regeln der Lerntheke |
| Lern-und Arbeitsverhalten:<br>- Aufmerksamkeit fokussieren | Schüler 2 hört bei der Erklärung der Arbeitsaufträge der Lerntheke aufmerksam zu. | -Platzierung der PM in der Nähe von Schüler 2<br>-Schüler 2 bei Erklärungen einbeziehen<br>-Zeigen auf wesentliche Elemente des Arbeitsplans durch PM oder Demonstration durch Lehrerin<br>-direktes Ansprechen durch Lehrerin |

## Literaturverzeichnis

Brenner, G./ Brenner, K. (2012): 80 Methoden für die Grundschule, Cornelsen Verlag, Berlin

Fuchs, M./ Käpnick, F. (2009): Grundwissen Mathematik 1-4, Cornelsen Verlag, Berlin

Hillenbrand, C. (2003): Didaktik bei Unterrichts- und Verhaltensstörungen, München [u.a.]: Reinhardt.

Kultusministerium Sachsen-Anhalt (2007): Fachlehrplan Grundschule Mathematik.

Meyer, H. (2007): Leitfaden zur Unterrichtsvorbereitung. Berlin: Cornelsen.

Nugent, G. (2014): Mathe kann man anfassen! Klasse 2/3, Verlag an der Ruhr, Mühlheim an der Ruhr

Schipper, W. (2009): Handbuch für den Mathematikunterricht, Schrödel, Braunschweig

Seminaraufzeichnungen HS, FR und Fach

## Bildquellen

www.zaubereinmaleins.de

www.mathemonsterchen.de

Microsoft Office Word 2007

## Anhang

Übersicht Lerntheke

Tafelbild

Verhaltensregeln

PM Plan

Verlaufsplanung der Stunde

**Übersicht Lerntheke**

| Station | Ziel | Medien | Differenzierung | Kontroll-möglichkeit |
|---|---|---|---|---|
| **LÜK** (Addition, Subtraktion von einstelligen Zahlen zu bzw. von dreistelligen Zahlen) | Die SchülerInnen berechnen Additions- und Subtraktions-aufgaben im Zahlenraum 1000 mit dem LÜK Kasten, um Rechenaufgaben in diesem Zahlenbereich sicher ausführen zu können und ihre Selbstständigkeit durch die Selbstkontrolle zu fördern. | LÜK Kasten Arbeits-blatt | Nutzung des Hunderterfelds (Darius, Schüler 1, Emely, Jason) Differenzierte Arbeitsblätter Individuelle Hilfestellung für Sch. | LÜK enthält Kontroll-möglichkeit |
| **Logico Piccolo** (Addition und Subtraktion von Hunderterzahlen, bzw. von zweistelligen zu dreistelligen Zahlen) | Die SchülerInnen berechnen Additions- und Subtraktions-aufgaben im Zahlenraum 1000 mit dem Logico, um Rechenaufgaben in diesem Zahlenbereich sicher ausführen zu können und ihre Selbstständigkeit durch die Selbstkontrolle zu fördern. | Logico Piccolo | Differenzierte Aufgaben-typen: mit und ohne Hunderter-überschreitung, Berechnung von Hunderter-zahlen | Logico enthält Kontroll-möglichkeit |
| **Rechensterne** (Additions- und Subtraktionsaufgaben im Zahlenraum 1000) | Die SchülerInnen berechnen Additions- und Subtraktions-aufgaben im Zahlenraum 1000, um Rechenaufgaben in diesem Zahlenbereich sicher ausführen zu können. | Rechen-sterne | Nutzung des Hunderterfelds (Darius, Schüler 1, Emely, Jason) Individuelle Hilfestellung für Sch. | Kontroll-möglichkeit immanent, wenn Stern entsteht |
| **Rechenmandala** (Additions- und Subtraktionsaufgaben im Zahlenraum 1000) | Die SchülerInnen berechnen Additions- und Subtraktions-aufgaben im Zahlenraum 1000, um Rechenaufgaben in diesem Zahlenbereich sicher ausführen zu können. | Arbeits-blatt mit Rechen-aufgaben | Nutzung des Hunderterfelds (Darius, Schüler 1, Emely, Jason) Individuelle Hilfestellung für Sch. durch L oder PM | Lösungsblatt an der Tafel |
| **Klammerkarten** (Additions- und | Die SchülerInnen berechnen Additions- | Klammer-karten | Individuelle Hilfestellung für | Kontroll-möglichkeit auf |

| | | | | |
|---|---|---|---|---|
| Subtraktions-aufgaben im Zahlenraum 1000 mit Hunderter-ergebnissen) | und Subtraktions-aufgaben im Zahlenraum 1000 mit Hunderterergebnissen, um weitere Einsichten in die Struktur des ZR 1000 zu gewinnen und ihre Selbstständigkeit durch die Selbstkontrolle zu fördern. | | Sch. durch L oder PM. Dieses Material ist zur Differen-zierung nur für Schüler 1, Darius und Emely erstellt. | der Rückseite |
| **Sachaufgaben mit Rechengeld** | Die SchülerInnen bearbeiten, durch sinnverstehendes Lesen und berechnen von Additions- und Subtraktionsaufgaben, Sachaufgaben, um ihre Additions- und Subtraktionskentnisse auf Alltagsprobleme anwenden zu können. | Rechen-geld<br><br>Lehrbuch | Rechengeld zur Veranschau-lichung | Lösungsblatt an der Tafel |

**Verhaltensregeln Lerntheke:**

<u>Unsere Arbeitsregeln:</u>

Wir arbeiten leise und stören niemanden!

Wir beenden eine Station, bevor wir eine neue anfangen!

Wir haken bearbeitete Stationen im Arbeitspass ab!

**Tafelbild**

**Übersicht für die pädagogische Mitarbeiterin**

| Phase | Pädagogischer Impuls |
|---|---|
| Vorbereitung | - SchülerInnen beobachten und bei Bedarf Impuls geben ihren Arbeitsplatz vorzubereiten und Hilfestellung dabei geben<br>- IZ erinnert Schüler 2 an den Stundenbeginn<br>- steht neben Schüler 2, um seine Verhaltensregulierung zu begünstigen |
| Hinführung | - richtet Blick auf SchülerInnen um Unterrichtsstörungen z.B. durch überflüssige Gegenstände am Arbeitsplatz vorzubeugen<br>- SchülerInnen nonverbal beruhigen<br>- erinnert SchülerInnen ihre Aufmerksamkeit auf den Unterrichtsgegenstand zu richten<br>- IZ Schüler 1 ggf. bei der Orientierung am Arbeitsplan unterstützen und auf seine Aufgaben hinweisen |
| Übung/Lerntheke | - gibt positive Rückmeldungen nach der Bewältigung von Aufgaben<br>- wendet sich (wenn nötig) Schüler 1 zu um ihn zu motivieren/ zu unterstützen<br>- dokumentiert mögliche „Zwischenquatscher" oder Regelverstöße<br>- erinnert SchülerInnen ihre Aufmerksamkeit auf den Unterrichtsgegenstand zu richten<br>- IZ Schüler 1 und Schüler 2 Hilfe bei der Bearbeitung der Aufgaben anbieten, ggf. darauf hinweisen selbstständige Arbeit wieder aufzunehmen, Ermunterung zur Arbeit, Lob bei fertiger Bearbeitung einer Aufgabe |
| Zusammenfassung/Auswertung | - hilft bei Bedarf Ordnung auf den Arbeitsplätzen der SchülerInnen zu schaffen<br>- hilft SchülerInnen und Lehrerin bei der Einschätzung des Verhaltens zur Punktevergabe am Ende der Stunde<br>- dokumentiert vergebene Punkte in den persönlichen „Pendelheften" der SchülerInnen |

| Did. Phase / Inhalt / Begründung | Lehrer/SchülerInnen-Tätigkeit TZO/TZK/MO | Begründung der Methode | Begründung der Sozialform | Begründung der Medien | Begründung der Differenzierungsangebote/ IZ |
|---|---|---|---|---|---|
| **HI** dient dem Herstellen einer Lernbereitschaft, schaffen einer Transparenz für den Ablauf der Stunde und der Zielorientierung | Sch. stellen sich zu Beginn der Stunde hinter ihre Stühle. L. stellt Sch. die Gäste vor. **ZO** Rückblick auf die letzten Stunden und Vorschau auf die kommende Klassenarbeit. L. teilt Arbeitspläne für Lerntheke aus und je 2 Muggelsteine zum Fragen stellen L. stellt Sch. Lerntheke vor und erklärt gemeinsam mit den Sch. einzelne Stationen. **MO** Für eine geschaffte Station wird Weihnachtskugel an die Tafel geheftet. **TZO1** Wiederholung der Verhaltensregeln der Lerntheke durch Sch. **TZK1** erfolgt prozessimmanent | Stundeneröffnungsritual zur Herstellung einer Lernbereitschaft **Prinzip der Ritualisierung (Meyer)** I: zur Beruhigung der Sch. LVg: dient dem Einordnen der Stunde in die Einheit, der Strukturierung der Stunde, der Zielorientierung und der Reaktivierung von Vorwissen **Prinzip der ZO/Motivierung (WIATER)** Gch dient der sprachlichen Aktivierung der Schüler - dem aktiven Zuhören der anderen Sch. - zur Übermittlung und Festigung der Arbeitsmethode, Transparenz der Regeln sowie der Verhaltensregulierung - zur Förderung der Selbstständigkeit | **Frontalunterricht**, um einen ritualisierten Stundenbeginn zu gewährleisten, um die Aufmerksamkeit auf den Unterricht zu fokussieren und um das Aufgabenverständnis zu sichern. | **Tafel mit Namen**, um Sch. zu verdeutlichen, wer sich schon an den Platz zu begeben und somit bereit zum Unterricht ist (Tafelbild siehe Anhang) **Tafelbild** an der Tafel dient der Motivierung der Kinder und verschafft L. Überblick über geschaffte Stationen der Sch. **Weihnachtskugeln, Weihnachtsbaum**, um die aktuelle Jahreszeit einzubeziehen **Bilder Verhaltensregeln**, um die Regeln der Lerntheke zu Visualisieren **Muggelsteine**, um die Fragen der Sch. während der Lerntheke zu begrenzen und das Zuhören während der Aufgabenerklärung zu fördern | **IZ 2**: Hinweis für Schüler 2 sich schon an den Platz zu begeben. PM steht neben Schüler 2, um seine Verhaltensregulierung zu begünstigen **IZ2**: Schüler 2 nennt Regeln, um sein Regelbewusstsein zu optimieren **IZ2**: aktive Einbindung in die Aufgabenerklärung, um seinen Fokus auf den Lerngegenstand zu richten **IZ1**: Schüler 1 bei der Orientierung am Arbeitsplan unterstützen und auf seine Aufgaben hinweisen. Schüler 1 nennt seine Pflichtaufgaben, um sein Bewusstsein über das Arbeitspensum zu optimieren |
| **Ü** Lerntheke dient der selbstständigen Übung der Fähigkeiten zum Addieren und Subtrahieren um ZR 1000 | **TZO2/TZO3/TZO4** Sch. lösen Pflicht- und Wahlaufgaben der Lerntheke (siehe Übersicht der Lerntheke), kontrollieren diese selbstständig oder lassen sie durch L. oder PM kontrollieren. | SüG: dient der Anwendung und Übung des Lerninhalts LVg: um die Arbeit an der Lerntheke zu unterbrechen | **Einzelarbeit**, um ein selbstständiges Lösen der Aufgaben zu gewährleisten und die Selbstständigkeit zu fördern **Prinzip der Selbsttätigkeit** | **Arbeitsmaterialien der Lerntheke** dienen dem individuellen Arbeiten am Lerngegenstand **Prinzip Differenzierung** | **IZ1/IZ2**: Schüler 1 und Schüler 2 Hilfe bei der Bearbeitung der Aufgaben anbieten, ggf. darauf hinweisen selbstständige Arbeit wieder aufzunehmen, |

| | | | | |
|---|---|---|---|---|
| | Nach jeder bearbeiteten Station hängen die Sch. eine Weihnachtsbaumkugel an die Tafel.<br><br>L. und PM geben individuelle Hilfestellungen<br>**TZK2/TZK3**<br>Durch L. und PM, sowie durch Selbstkontrollmöglichkeiten der Materialien.<br>**TZK4** erfolgt prozessimmanent<br><br>L. gibt 5 Minuten vor der Zwischenauswertung ein akustisches Signal, um Sch. darauf hinzuweisen, dass die Lernthekenarbeit gleich unterbrochen wird.<br>L. unterbricht mit weiterem akustischen Signal die Arbeit an der Lerntheke. | **(BACH)**<br>**Frontal,** um Lernthekenarbeit zu beenden | **Weihnachtsbaumkugeln, Weihnachtsbaum Tafel,** dient der Motivation und Visualisierung der Arbeitsfortschritts, Bewegungsimpuls<br>**Prinzip der Veranschaulichung (SCHRÖDER)**<br><br>**Klingel,** um Sch. nonverbal darauf hinzuweisen ihre Arbeit zu beenden | Ermunterung zur Arbeit, Lob bei fertiger Bearbeitung einer Aufgabe<br><br>**Differenzierung**<br>Stationen der Lerntheke sind durch unterschiedliche Schwierigkeitsgrade der Aufgaben differenziert (siehe Übersicht Lerntheke) |
| **Z**<br>dient einer Zwischenauswertung, der inhaltlicher Reflexion der bereits bearbeiteten Stationen der Lerntheke sowie Selbsteinschätzung und Fremdfeedback hinsichtlich des Arbeits- und Lernverhaltens | **TZO5**<br>L. und Sch. fassen die bisherige Arbeit an der Lerntheke zusammen und überprüfen gemeinsam an der Tafel, wieviele Stationen bereits bearbeitet wurden.<br>Sch. reflektieren ihr Arbeits- und Sozialverhalten und ordnen dieses in eine Skala ein (1 Pkt., ½ Pkt., - oder roter Punkt).<br>L. und PM geben Rückmeldung zur Einschätzung.<br>„Punktechef" der Klasse trägt Punkte in Auswertungstafel ein<br>**TZK5** erfolgt prozessimmanent<br><br>L. klärt Sch. über das weitere Vorgehen an der Lerntheke auf (die Arbeit wird in der 2. Unterrichtsstunde fortgesetzt.) | **Gch,** zur Kontrolle der bisherigen Arbeit an der Lerntheke und zur Einschätzung der Stunde durch die Sch. selbst<br>**Prinzip der Lernerfolgssicherung (WIATER)**<br>**Prinzip der Ritualisierung (Meyer)** | **Tafelbild, Auswertungstafel** zur Visualisierung (siehe Anhang) dient der Transparenz, dem Festhalten der Einschätzungen der Schüler, um auf diese jederzeit und v.a. bei Ermittlung des Wochensiegers zurückgreifen zu können | **IZ1 und IZ2:** Feedback zum Sozial- Arbeits- und Lernverhalten, Verstärkung pos. Verhaltens, Förderung Selbstvertrauen |

**Didaktische Reserve:** liegt im Angebot an ausreichenden Stationen der Lerntheke

**Hinweis:** Die Lerntheke wird in der 2. Stunde von der Mentorin fortgesetzt.

**Abkürzungsverzeichnis:**

| | |
|---|---|
| Hi | Hinführung |
| Gch | Gespräch |
| IZ | Individualziel |
| L | Lehrkraft im Vorbereitungsdienst |
| MO | Motivation |
| PM | Pädagogische Mitarbeiterin |
| Süg | Schülerübung |
| TZO | Teilzielorientierung |
| TZ | Teilziel |
| TZK | Teilzielkontrolle |
| Z | Zusammenfassung |
| ZO | Zielorientierung |